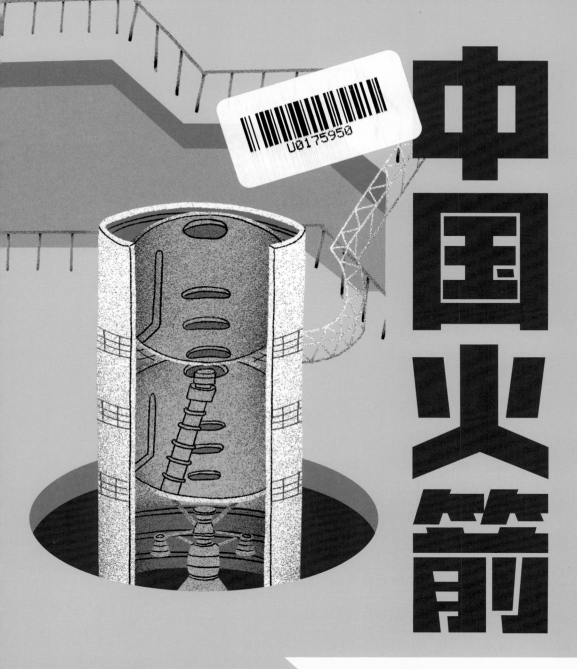

中国火箭

送卫星上太空

宋海东 著/绘

童趣出版有限公司编　人民邮电出版社出版
北　京

图书在版编目（ＣＩＰ）数据

中国火箭. 送卫星上太空 / 宋海东著、绘 ；童趣出
版有限公司编. -- 北京 ：人民邮电出版社，2023.4
　　ISBN 978-7-115-60783-6

　　Ⅰ．①中… Ⅱ．①宋… ②童… Ⅲ．①人造卫星－中
国－少儿读物 Ⅳ．①V4-49

中国国家版本馆CIP数据核字(2023)第003423号

著 ／ 绘：宋海东
责任编辑：边二华
责任印制：李晓敏
封面设计：韩　旭
排版制作：北京汉魂图文设计有限公司

编　　　　：童趣出版有限公司
出　　　版：人民邮电出版社
地　　　址：北京市丰台区成寿寺路 11 号邮电出版大厦（100164）
网　　　址：www.childrenfun.com.cn

读者热线：010-81054177　　　　经销电话：010-81054120

印　　　刷：北京尚唐印刷包装有限公司
开　　　本：710×1000 1/16
印　　　张：3.25
字　　　数：45 千字

版　　　次：2023 年 4 月第 1 版　　2023 年 11 月第 4 次印刷
书　　　号：ISBN 978-7-115-60783-6
定　　　价：25.00 元

这是属于 ＿＿＿＿＿＿＿ 小朋友的火箭书。

轰的一声巨响，在荒漠之中，一枚
火箭冲天而起。

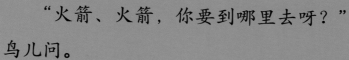

"火箭、火箭，你要到哪里去呀？"
鸟儿问。

"我是太空快递员，我要去的地
方，比天空中的云彩还要高呢！"

3

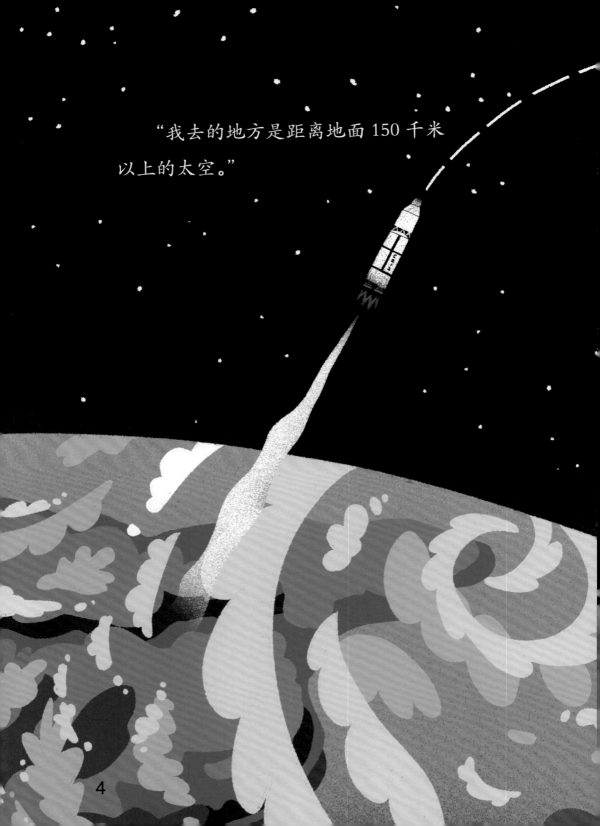

"我去的地方是距离地面 150 千米以上的太空。"

"我运送最多的是卫星。"

不同的卫星在太空中有不同高度的固定轨道。

瞧，把卫星的翅膀折叠起来。

然后放进火箭头部的整流罩里，就可以安全起飞啦。

5

"提问：你知道为什么卫星在太空里飞行，不会掉到地面上吗？"

"是因为它
飞得高吗？"

"可是，同样在太空中的陨石，
会坠入大气层，变成流星，掉落到地
面上。"

"咦，是啊，这是怎么回事？"

其实，不光是太空中的流星，在地面上发射的炮弹、你用力向上扔出的石头……它们都会落回地面。

　　看来，这与它们飞行的高度没什么关系，而是与速度有关系！

　　科学家研究发现，当水平速度达到每秒7.9千米时，物体就能绕着地球飞行而不掉落下来。

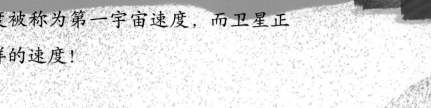

　　这个速度被称为第一宇宙速度，而卫星正是拥有了这样的速度！

由此可见，运送卫星的火箭不但要飞得高，还要飞得足够快才行！

　　但是有个自相矛盾的问题一直困扰着我们：要想飞得快，就要带更多的燃料，但是带更多的燃料就会让我们更沉重，拖慢飞行的速度。

直到我们练就了一项特殊的本领——分级加速——之后，才终于成功了！

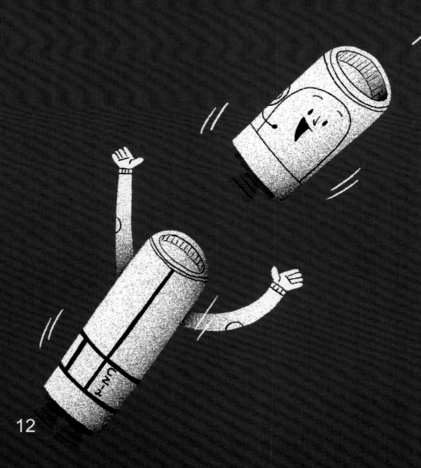

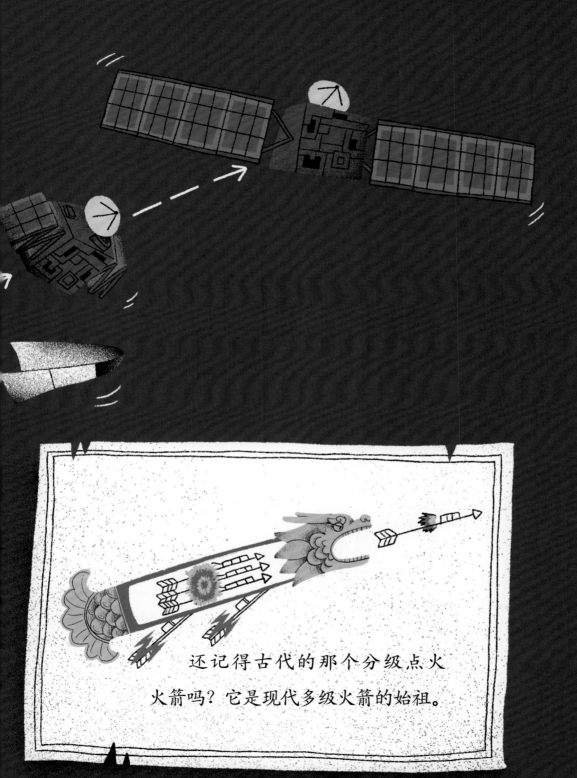

还记得古代的那个分级点火火箭吗？它是现代多级火箭的始祖。

快来看看，我长长的身体里都有什么吧。

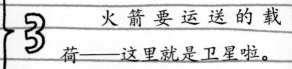

3 火箭要运送的载荷——这里就是卫星啦。

2 第二级火箭，在大气层之外负责让火箭的速度再次提升。

1 第一级火箭，负责提升火箭的最初速度，它的质量占了整个火箭质量的90%以上。

火箭起飞。

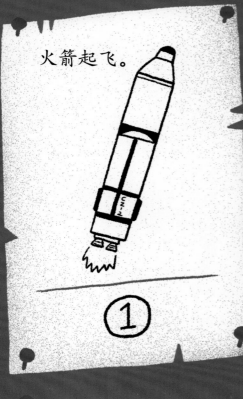

①

在燃料用尽之后，
扔掉第一级火
箭，可以大
幅减轻
质量。

②

第二级火箭点火，
将速度再做提升。达到
第一宇宙
速度后，
星箭
分离。

③

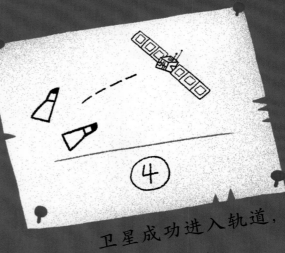

④

卫星成功进入轨道，
利用惯性持续飞行。

也许你已经看出来了，我们每一枚火箭，现在一生只能完成一次任务。

不过别担心，我们是一个火箭家族，有不同型号的各种火箭呢。当然，人们也可以根据需要，重新制造相同型号的火箭。

大家在个头儿、推力大小、外观上虽有所不同，却有一个共同的名字，那就是中国火箭——长征系列。

"我是老大哥——长征一号。"

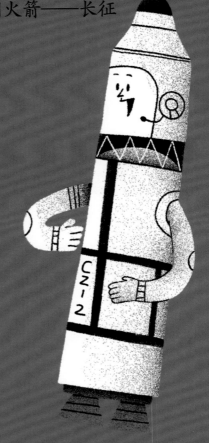

"我是长征二号。"

"嘿，我是长征三号甲。"

"我是长征二号E，是长征二号的改进型。你能看出来我们哪里不同吗？"

哇，中国的第一颗人造卫星——
东方红一号。

1970 年 4 月 24 日，中国
第一颗人造卫星成功发射。

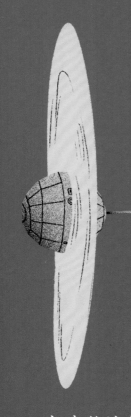

东方红，太阳升……

当浩瀚的太空奏响《东方红》乐曲，中国人的飞天之路就此启程。

后来，这一天——4月24日被定为"中国航天日"。

我国第一颗人造卫星发射

"是谁将东方红一号卫星
送上太空轨道的？"

20

"就是我长征一号啊！我们是那个时代最闪亮的明星。"

21

"老大哥开创了局面，接下来的重任就交给我——长征二号吧！

"我铆足干劲，将中国的第一颗返回式卫星送上了太空轨道。"

返回式卫星

"干得不错，我的长征二号兄弟！我刚出场，就因独特的身形获得了一个响亮的称号——长二捆。"

长征二号 E

CZ-2E

"因为我是在长征二号火箭的基础上，多了四个捆绑的助推器，这样一来，我的启动推力就更大了！"

助推器起飞后被抛掉

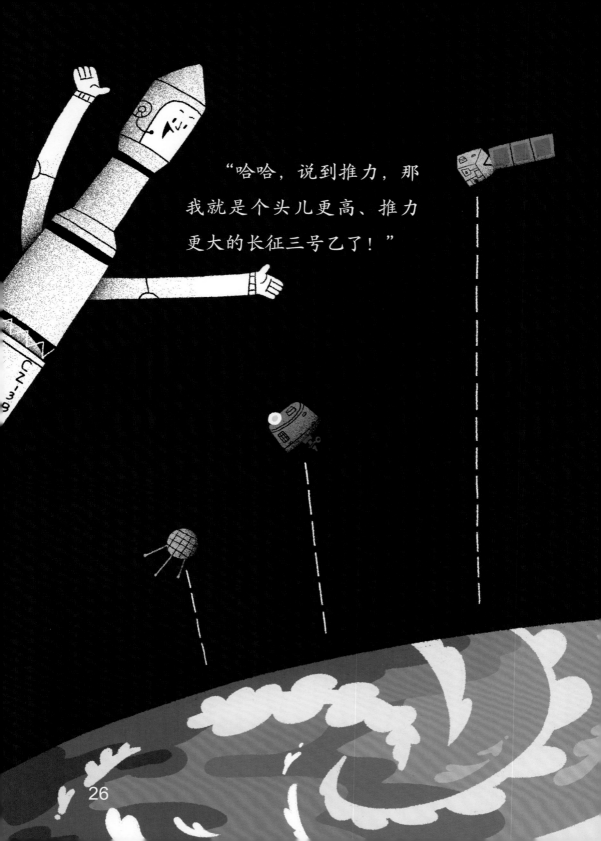

"哈哈，说到推力，那我就是个头儿更高、推力更大的长征三号乙了！"

推力更大，就能运送更重的东西，去更高的轨道！

27

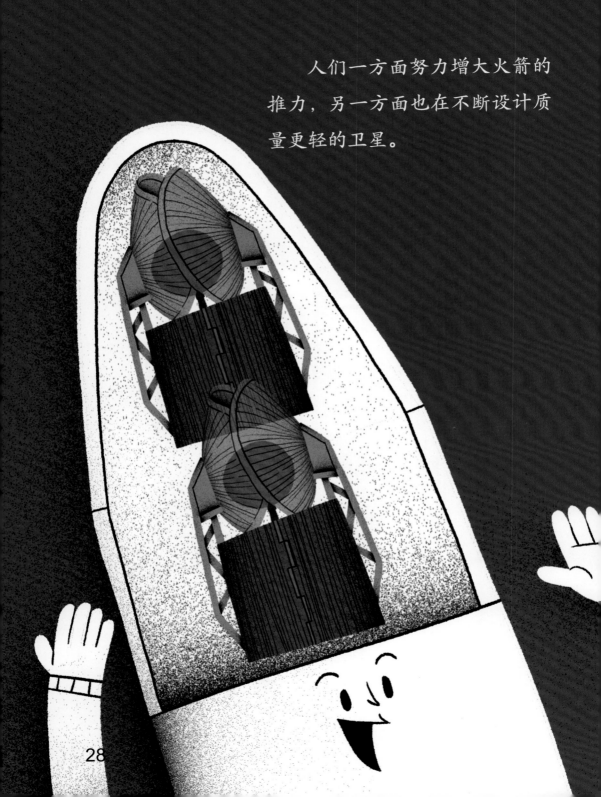

人们一方面努力增大火箭的
推力，另一方面也在不断设计质
量更轻的卫星。

28

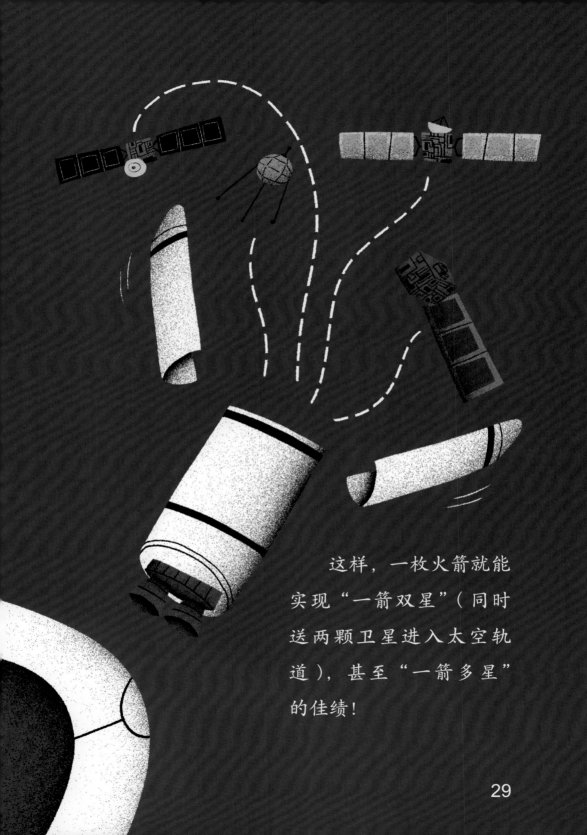

这样，一枚火箭就能实现"一箭双星"（同时送两颗卫星进入太空轨道），甚至"一箭多星"的佳绩！

"长征火箭，你们辛苦啦！"

30

"我想知道，你们为什么要千辛万苦地送卫星到太空呢？"

卫星的作用已经在我们生活中的许多地方体现出来。

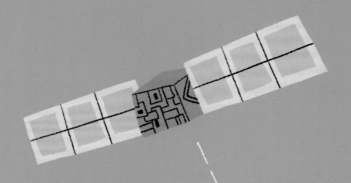

　　"站得高，看得远"说的就
是通信卫星的特点，它能把信息
通过地面接收站传送给遥远的
用户。

3

气象卫星能够观测地球上的风云变幻，及时做出天气预报，为我们的农业生产和出行等提供服务。

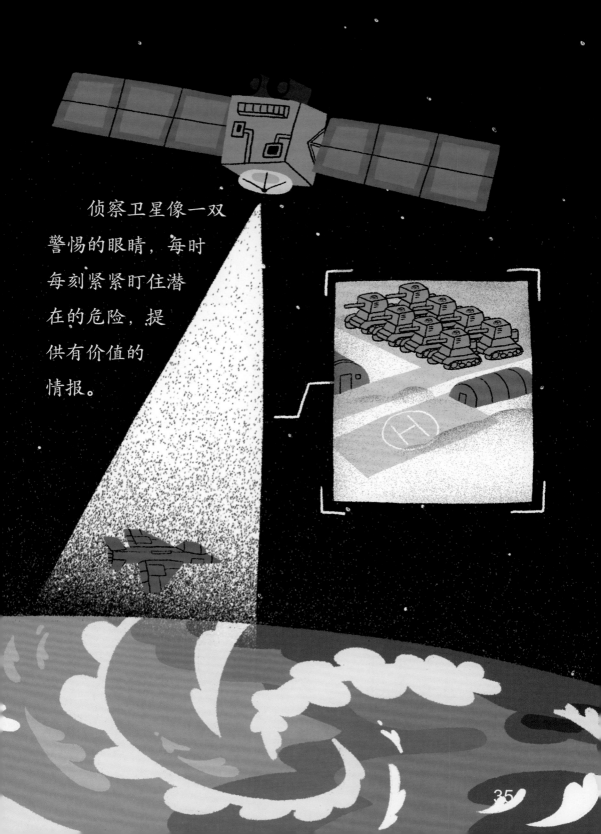

侦察卫星像一双警惕的眼睛，每时每刻紧紧盯住潜在的危险，提供有价值的情报。

35

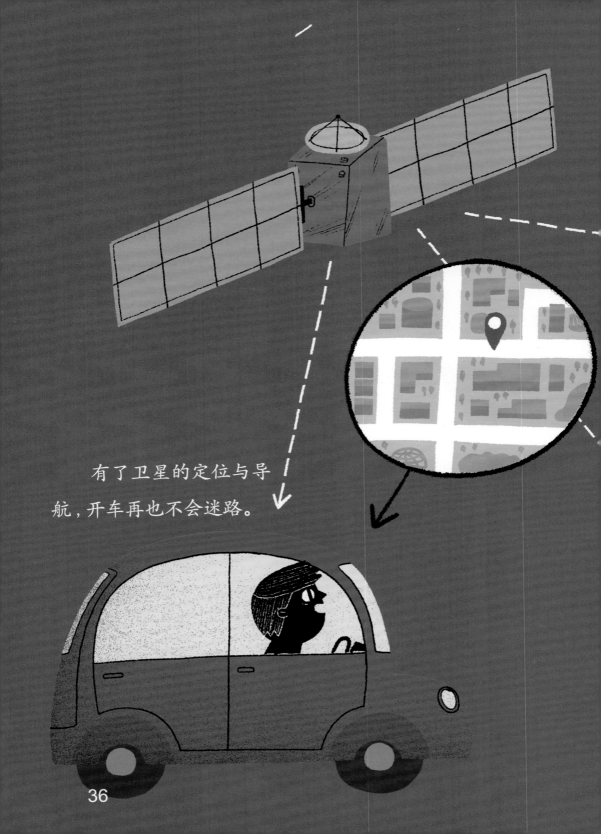

有了卫星的定位与导航，开车再也不会迷路。

抢险救灾时能快速找到位置。

无人飞机精准播种、无人收割机精准收割成为现实。

卫星让我们拥有了"千里眼、顺风耳"!

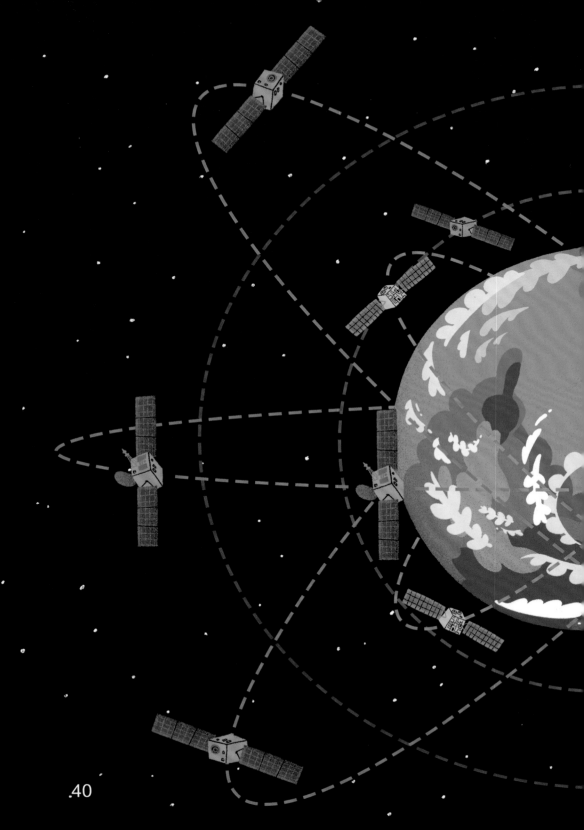

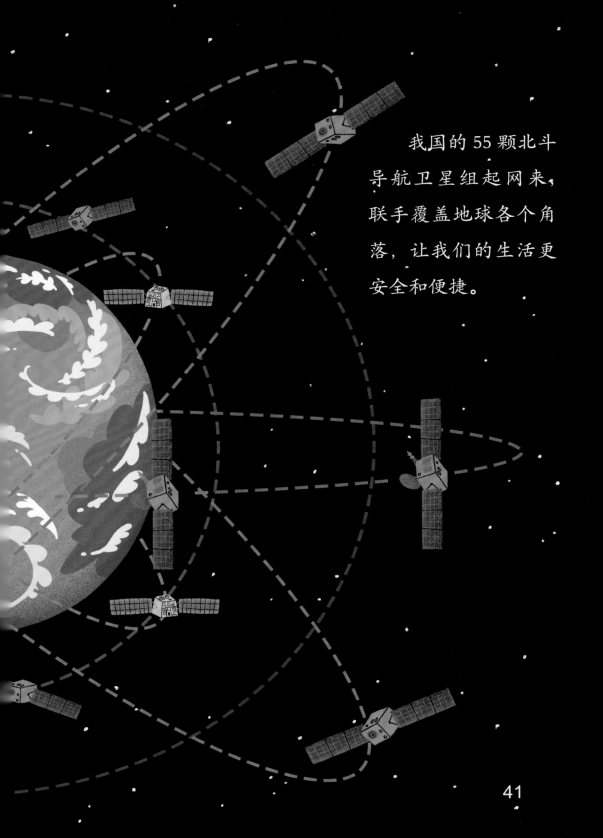

我国的 55 颗北斗导航卫星组起网来，联手覆盖地球各个角落，让我们的生活更安全和便捷。

除了与我们的日常生活相关的卫星外，还有各种各样新奇的卫星。

墨子号量子科学实验卫星与地面基站实行"针尖对麦芒"式的信息传输。

悟空号卫星用它的"火眼金睛"探测神秘的暗物质。

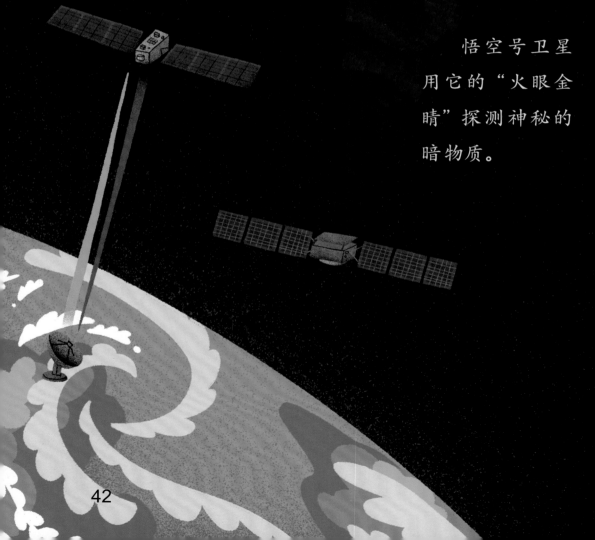

人类首颗联通月球背面信号的卫星——鹊桥号。

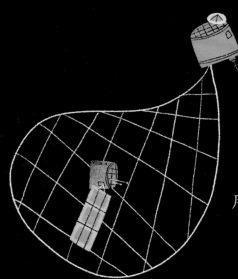

实践二十一号卫星可以用来清理太空垃圾。

"火箭、火箭，你那么厉害，你能带我飞去太空吗？"

"这是载人航天！
一个更大的挑战！"

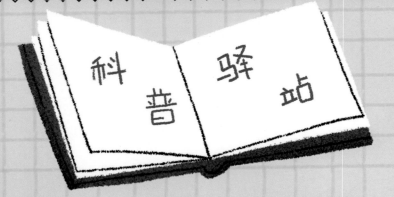

科普驿站

极地
轨道

卫星围绕地球飞行常见的
轨道类型是：地球静止轨道和
极地轨道。

地球
自转

位于地球静止
轨道的卫星都围绕
着地球赤道转动，
并且转速与地球一
致。它们就像坚守
岗位的哨兵一样，
连续监测着同一片
区域的风云变幻。

地球
静止
轨道

位于极地轨道
的卫星运动时会经过地球
的南极和北极。它们更像是
巡逻兵，可以监测整个地球。

高地轨道（35000 千米以上）

卫星的轨道高度也有低、中、高之分。

近地轨道卫星一般用于侦察，可拍摄高

清图像，但是因受大气层的影响，使用寿命

短。空间站也在近地轨道。

中、高轨道的卫星由于"站得高"，所以可

感测到的地球区域面积大，通常用于通信、广播

和气象。（前面说的地球静止轨道卫星通常就在

35000 千米以上的高空。）

中地轨道（2000 千米以上～35000 千米）

近地轨道（160 千米以上～2000 千米）

火箭课堂

火箭采用分级加速的方式，将整流罩中的卫星送到太空中的预定轨道。

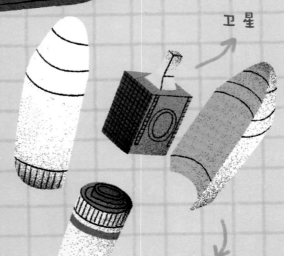

卫星

整流罩

三级火箭

二级火箭

一级火箭

助推器

有的时候，会采用一枚火箭同时发送多颗卫星。

瞧，这是长征八号火箭的"一箭22星"。

火箭分离后，大部分在大气层中坠落时烧毁了，剩余的部分会落入提前计算出来的预定区域，基本都是无人区。

后记——我和火箭的故事二

1981年

在湖北大山的这个小世界里，大人奉行的是"自力更生、艰苦奋斗"；而我们这些子弟学校的孩子则会在不同的季节里"自制玩具，撒欢儿战斗"。

我10岁

我自制的能"喷火"的火箭风筝，把那些蝴蝶风筝、菱形风筝全比下去了！

用板凳做的"雪橇"。

用竹排和白果子做的"联排炮"。

用竹管、铁丝和小绿果做的"大炮"。

用铁丝和皮筋儿做的"手枪"。

中国火箭

"地球是人类的摇篮，但人类不能永远生活在摇篮里。"运载火箭是人类迈向未来、实施宏大太空抱负的重要基石。浩瀚宇宙，星河灿烂，让我们怀揣梦想，沿着运载火箭搭建的这条天梯，在探索太空的征途上走得更稳、更远。

——长征五号运载火箭副总设计师　黄兵

从夸父逐日、嫦娥奔月的神话传说到明代万户飞天的尝试，中国人的太空梦想与探索实践从未停歇。运载火箭的能力有多大，太空探索的舞台就有多大！今天，我们太空探索的步伐不止于月球、火星，探索的目光已经望向更深邃的星际。

——中国航天博物馆副馆长　陈青

20220462B

ISBN 978-7-115-60783-6

9 787115 607836 >

定价: 25.00 元

童学小课堂
300+故事免费听